Super cute children's meal

涛妈 著

超萌造型
儿童餐

中国轻工业出版社

让孩子吃到可爱的食物，也吃到营养

当我第一眼看到这本书的时候，我不禁赞叹：这本书里展示的内容真的是艺术作品！整本书都流露出一位热爱烹饪的妈妈为孩子付出的爱与关怀。

翻开这本书，您一定会被这里面每道餐点丰富的色彩、可爱的摆盘形式、充满童趣的内容，以及令人惊喜的创意深深吸引。仔细阅读书里的内容，你更会发现处处都流露出妈妈对孩子的用心：涛妈挑选的都是健康的食材，使用的是简单的烹调方式，每道料理营养成分都很均衡，设计每道料理时都会结合孩子喜爱的动物和人物形象，并在餐盘上设计出展现生动活泼的故事情节的元素，挑动孩子好奇雀跃的心，让吃饭变成一种游戏，让用餐成为亲子活动的欢乐时光！从此以后，孩子吃饭不用三催四请，不会再吃得愁眉苦脸，他们会主动来找你："妈妈，今天我们吃'大野狼'，还是吃'三只小猪'?"

妈妈是家庭饮食习惯养成的灵魂人物，相信每个人的心中都有一份记忆中无可取代的"妈妈的味道"。妈妈用心准备的餐食，提供孩子成长以及大人体力、脑力所需的能量，也潜移默化地影响孩子将来的饮食习惯和对食物的选择。从小吃薯条、鸡块、含糖饮料的孩子，长大后必然难以抗拒高油、高糖的食物，高血压、心脏病、肥胖自然如影随形。如果妈妈开始给宝宝添加副食品的时候，可以用食物的原型、原味，教孩子一步步认识糙米的嚼后甜、蔬食的菜根香、蛤蜊的大海味，孩子也可以变成"健康美食达人"！相信这样的饮食习惯，每个爸妈都认同，但在现代社会的饮食环境下，实现这样的目标可能会有些困难。别烦恼，现在有了《超萌造型儿童餐》，您也可以跟着涛妈做做看喔！

在工作日匆忙的早晨，怎样才能通过食物给孩子带来一整天满满的元气，并开始快乐的一天呢？就试试涛妈的"元气三明治"，或是"宝贝加油激励松饼"吧！让孩子开心地吃了早餐再上学！

放学回家的时候，孩子总是喊肚子饿，这时候涛妈提供了可爱的小点心，让正在发育的小朋友获得充足的营养。说不定啊，一到下午孩子就已经开始期待妈妈会帮他准备的"微笑甜甜圈"或是"可爱时钟三明治"呢！

在涛妈的食谱中，各种各样颜色的食材被做成了孩子最喜欢的卡通人物：忍者、外星人、小红帽、狮子王、芭蕾公主、和服娃娃……孩子不但能边吃、边玩，还能进行角色扮演，这样愉快的用餐气氛，有哪个小朋友能抗拒呢？原来吃饭也可以这么有趣啊！

最令我赞赏的是，涛妈设计的每道餐食，都是不添加色素、不过度调味的食物。每个餐盘都有和它搭配的童话故事，每一餐都能获取六大营养素！从小就多样化地接触各种不同种类的食材，是避免孩子偏食最好的方法，还可避免许多现代儿童因饮食习惯不良而引起的常见问题，如便秘、缺铁性贫血、缺微量元素导致的生长发育缓慢等。

回想我的孩子的成长过程，我很重视每天下班后全家一起享用的那顿晚餐，在餐桌上分享食物，也分享这一天的喜怒哀乐、惊奇和挑战。孩子价值观的形成和这样的进餐方式有很大的关系。看到涛妈的食谱，我很喜欢涛妈提倡的"全家分食共享"的餐食点子，在这样重要的晚餐时刻，家人围在一起谈天，互相分享碗里不同的食物，吃饭也变得像寻宝一样有趣！孩子也可以从餐食的制作开始参与，和妈妈一起做出全家人要吃的晚餐，或在特别的日子为家人做份特别的餐点，怀着感恩的心共进一餐。

我在涛妈第一个孩子出生时就认识她了，她是一位热爱生活、热爱家庭、更热爱分享的人。她总是会用积极的行动力、追求完美的努力和对孩子无比的爱心取出令人惊讶的成果，这本书就是其一。她的菜单把孩子成长所需的营养、养成孩子健康饮食习惯的烹调方法，甚至如何能让孩子带着愉快的情绪去用餐全都考虑进去了。如果您正有孩子不爱吃饭、挑食、营养不均衡的烦恼，现在就跟着涛妈做做看，带着孩子一起来准备健康又诱人的美食吧！

许登钦

台湾恩主公医院小儿科主治医师

食育美学——
健康意识的培养从
幼年时期开始

处于幼儿期的孩子对父母依赖性特别强，同时性格具有极大的可塑性，所以，老师和父母对幼儿的成长会起到非常重要的引导作用。

孩子的感官非常敏锐，任何可以尝、摸、看、听、闻的事物都会让他觉得新奇而跃跃欲试，五官的亲身体验是孩子主要的学习方式。如果让孩子选择的话，孩子可能更喜欢如烹饪、清理园艺等。孩子希望能和大人一样做家事、照顾自己与打理生活的琐事。

涛妈在这本书中所介绍的50道亲子餐点，每一道餐点所用的食材都很健康，以21世纪幼儿营养学的研究观点——如何由适当的饮食来预防或改善人类疾病的发生的原则为膳食指导方案。近年来"食品安全"风暴及其对居民健康的影响，亟需一套全面与系统性的规划和执行方式来保障食品安全。涛妈在这本书中所提到的"餐点模式"适合3～4个人的小家庭一起分享共食，除了"亲子互动"外，也强调家庭间的互通有无、亲子间的语言沟通和肢体的亲密互动。亲子餐点除了"五色"食材的视觉享受外，食材的选择上也更偏重于营养性。孩子的成长中有许多的"关键期"，在这重要时段，他最容易掌握某些特殊的技能。大人必须在这些关键时刻给予孩子引导，让孩子在成长的关键期学会各种技能。

  渴望成长探索与伸展是孩子发自内心的渴求，大人透过阅读、眼观或耳闻的方式来学习新知，而孩子却得靠实际行动获得认知，这个世界对孩子而言是新鲜的、好玩而有趣的。他所感知的每一个新事物都是他成长路上所必须经历的。这本书透过教孩子亲手制作食物传达的正是食育观。"食育"从幼起便担负了传播文化种子的工作，良好的饮食文化让孩子远离垃圾食物，通过食物可帮助孩子养成爱物、惜物的良好消费习惯与态度。

  每个家庭都可以成为重视"食育"健康的推动者，积极遵守与推广，人人身心健康、安居乐业、温馨和谐的家园亲情将指日可待。

卢美贵

台湾亚洲大学幼儿教育学系讲座教授
台北市立大学幼教系前教授兼系主任

一点点小心思，
让孩子们爱上你的料理

有些朋友曾经问我："为什么你的孩子们那么爱吃饭？""为什么他们都不太挑食？而且可以把饭吃得干干净净的？"

我有两个宝贝，现在一个10岁，一个8岁了。

烹饪时，只要加上自己的一点点小心思，就能让他们变得爱吃妈妈做的家常便饭。

从两个孩子的人生中第一口辅食开始，到现在餐桌上的每一道菜，我只是多花了一点时间，将微笑状的图案贴在饭团上、把饭团做成小熊的形状或是将蔬菜切成圆球形等。这些小变化，孩子在看到餐点的同时，立刻露出想要马上开动的笑容！

在这本书里头，大部分的料理都是以分享餐为主题。在餐桌上进行分享是家庭餐桌乐食的开端。懂得如何分享、知道分享的目的以及方式，对孩子们来说不但是一种愉快的用餐体验，也是学习分享的课题，更是家庭成员在餐桌上的一种互动。

一盘盘的美食端上餐桌，你吃什么，我就吃什么。看到他吃下菠菜，那我也试试看！原来菠菜是这个味道！看到盘内的小熊，马上兴奋得抬头对着我说："妈妈，这个小熊超级可爱的！"然后兄妹俩便开始讨论这只小熊是用什么食材做出来的，并且仔细品尝。

我做饭的原动力，来自于每一次看到先生和孩子们吃饭时露出的笑容。孩子们

的想象力和对美食的期待是我设计每道餐食时的灵感来源。

　　"我最喜欢妈妈做的饭了！"是我和每一个妈妈最喜欢听的孩子们说的话。

　　这是一本我用很多爱制作出来的食谱，也算是我的第三个宝贝。希望这本食谱可以让大家的孩子们变得更爱餐桌时光，也在分享餐盘内食物的同时，增加亲子、兄弟姊妹间的互动。

　　期待有一天会听到大家说："我的宝贝变得爱吃饭了！"

涛妈

CONTENTS
目录

在开始
之前 BEFORE

宝宝  的
小冒险

CHAPTER 2

一日的
早晨

CHAPTER 1

你一碗，
我一碗

下午的
轻食

餐桌上的
绘本

CHAPTER 5

在这特殊的
日子里

CHAPTER 6

在开始

之前

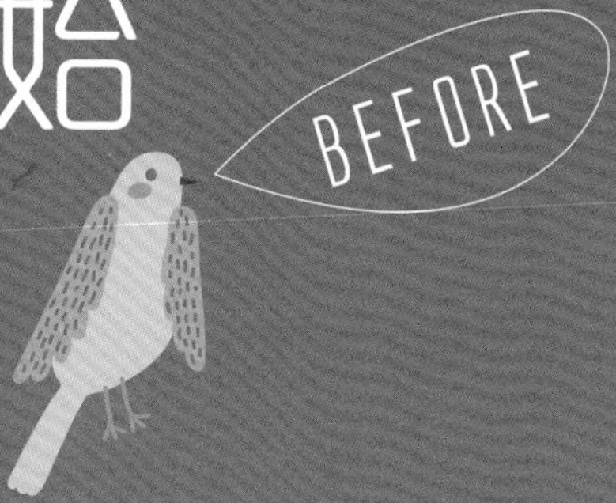

BEFORE

——

午后，突然在思绪的云海中呈现一个画面，
一个会让孩子们看到就满心欢喜的影像。
把纸一抓，赶快画下来，
生怕一瞬间那个画面就消失了。
孩子们，等妈妈将这个做出来放在你们的餐盘上！

准备好这些工具，
让你事半功倍

常言道，"工欲善其事，必先利其器"，在做出可爱又好吃的造型料理之前，我们要先准备好哪些工具呢？

【1】使用工具

小剪刀
可以剪出小形状喔！

海苔模具
海苔模具非常容易购买。可以简简单单在一张海苔上压出不同的造型，也可以摆出不一样的表情。

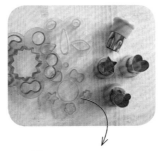

形状模具
星星、爱心、花、椭圆形等形状都可以依靠形状模具制作出来。

镊子
镊子可以将小的海苔等放到造型饭团上，是制作造型饭团时的必备工具。

牙签
细小的牙签是制作造型的必备道具！

雕塑工具
这3支雕塑笔是我做造型餐点时必备的。尤其是雕刻刀，可以在海苔、起司、火腿、蔬菜等上刻出各种不同的形状。

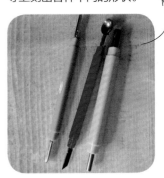

保鲜膜 / 铝箔纸 / 烘焙纸
捏饭团时一定要准备稍微厚一点的保鲜膜。

保鲜膜
我通常都会准备3种尺寸
的保鲜膜。依照饭团的不
同大小，可以使用不同尺
寸的保鲜膜。

铝箔纸
铝箔纸通常用于遮盖不需
要被撒上材料的食材或是
在分隔时使用。

烘焙纸
将食材放入烤箱时，烘焙
纸是必需品。

【2】常用模具

擀面杖

甜甜圈模具

浅盘模具

蛋糕烤盘

擀面杖
可以用擀面杖将要
塑形的吐司先压扁。

甜甜圈模具
适合用来做游泳圈
形状的饭团。

浅盘模具
可以将饭压成底
座，例如食谱中的
北极小企鹅的底座
就是使用浅盘模具
做成。

蛋糕烤盘
可将米饭做成中空状。

【3】常用锅具

玉子锅
玉子锅是制作日式蛋卷时的必备锅。

松饼锅
可以方便松饼的制作。一次可以制作7个大小适中的松饼。

三合一荷包蛋锅
可以做出超级完美的荷包蛋。在做荷包蛋的同时也可以煎其他的菜。是可以在短时间内做好便当的好帮手。

【4】常用容器

方形便当盒 / 椭圆形便当盒
我最喜欢用这2种形状的便当盒帮孩子们装餐点。

正方形分享盘 / 长方形分享盘
在制作分享餐时，这2个尺寸的容器刚好可以做出2~3人分量的餐点。我喜欢使用陶制的容器，加热起来也很方便安全。

20cm×20cm 正方形分享盘 /
30cm×15cm 长方形分享盘

让烹饪技巧更熟练
的小诀窍

使用以下这些小技巧，可以让你在做造型料理的过程中比别人厉害一百倍喔，快来学习这些变身行家的小诀窍吧！

捏 在捏饭团时要记得准备有一定厚度的保鲜膜，简简单单就可以将饭团捏成想要的形状。

在掌心摊开一张保鲜膜，并放上需要分量的白饭。

将保鲜膜包起，并捏成需要的形状（要压紧）。

将保鲜膜打开，饭团就完成了！

贴 将海苔、起司、火腿等固定在饭团上时，可以使用少许的蛋黄酱当作黏着剂，而且被粘贴的部位也不容易掉落！

准备好要蛋黄酱、饭团、想粘贴的其他部分（表情、腮红等）。

用牙签蘸取一些蛋黄酱，涂抹在想粘贴的饭团上。

用镊子夹取想粘贴的细节，覆盖住蛋黄酱，就贴好了。

压

海苔模具
用海苔模具可以方便在海苔上压出所需要的形状。

形状模具
使用形状模制作出不同形状的饭团，例如圆形、椭圆形、三角形、花形等。

吸管
需要在饭团上压出小圆形或是椭圆形小孔时，使用吸管非常方便制作。

切 用牙签或雕塑刀切割起司片很方便！

 剪 在海苔上剪各种的形状是制作造型饭团时的必需环节。

使用牙签方便在起司片上切割出任意形状。

雕塑刀则可切割出较规整的线条。

使用小剪刀可以使剪海苔变得更简单，而且可以将海苔剪得更小。

固定 如何将捏好的饭团联结、固定呢？这个时候就会用到煎意大利面来固定不同饭团的部位。

 →  →

准备煎好的意大利面，并折成需要的长度。

将意大利面插在较小的饭团上。

插入较大的饭团中，组装就完成啦！

七彩颜色怎么调？
一切都来自天然食材

拉拉熊或者其他颜色的小熊该怎么做呢？缤纷多彩的饭团颜色是怎么调出来的？让我来教你们，用自然食材调出不同的饭团颜色！

红色：番茄酱
1碗白饭：1大匙番茄酱
将番茄酱加入米饭内混合。

橘色：胡萝卜、南瓜、鲑鱼
1碗白饭：5片南瓜、6片胡萝卜、2大匙鲑鱼松均可
如果使用南瓜或是胡萝卜，将南瓜和胡萝卜切片后用沸水煮熟。捣碎后倒入米饭内搅拌均匀。

紫色：红紫菜
1碗白饭：2~3片红紫菜叶
用沸水烫红紫菜叶。将菜取出后捣碎，过滤后将汁倒入米饭内搅拌均匀。

黑色：黑芝麻
一碗白饭：10g黑芝麻
将适量黑芝麻磨碎，加入米饭中搅拌均匀即可。

方便着色风味粉
只要把市售方便着色风味粉加入米饭中
搅拌均匀，饭团就可以简单着色了！

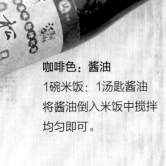

绿色：菠菜或其他绿色蔬菜
1碗米饭：3片菠菜叶
用沸水烫菠菜，将菠菜取出
将菠菜叶捣碎，将菠菜汁倒
入米饭内搅拌均匀。

咖啡色：酱油
1碗米饭：1汤匙酱油
将酱油倒入米饭中搅拌
均匀即可。

黄色：蛋黄
1碗米饭：1个蛋黄
将米饭与蛋黄搅拌均匀，
加盖（可微波材质）后，
放入微波炉中加热80秒。

着色范例

取2~3小片煮
熟的胡萝卜。

用汤匙在滤网
上压碎成泥。

取过滤后的胡
萝卜泥，与半
碗白饭搅拌，
白饭就会变成
橘色了。

用 3 种基础形状的饭团
可以变出的花式饭团

饭团有3种基础形状：圆形、三角形、椭圆形。
每一种形状的饭团都有不同的用途喔！

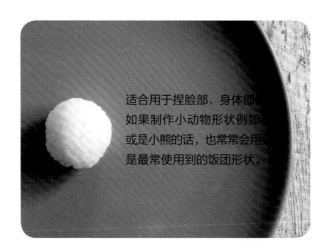

圆形

适合用于捏脸部、身体部□
如果制作小动物形状例如□
或是小熊的话，也常常会用□
是最常使用到的饭团形状。

三角形

有一些特殊形状的饭团会□
用到三角形饭团。
例如常见的三角饭团。
在这本书里头，可爱小鬼头
和运动会的食谱里头所使用
的就是三角饭团。

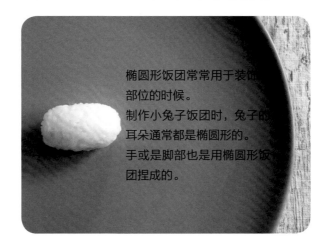

椭圆形

椭圆形饭团常常用于装□
部位的时候。
制作小兔子饭团时，兔子的
耳朵通常都是椭圆形的。
手或是脚部也是用椭圆形饭
团捏成的。

一步一步
把饭团捏成可爱宝贝的脸

捏好了饭团的形状后，该怎么样让它看起来像一张张脸呢？其实步骤相当的简单！只要按照以下教的小技巧，捏出来的脸状的小饭团不但造型可爱而且表情丰富！

用模具做出各种可爱的表情

使用海苔模具可以将海苔切成各种细小的形状。将海苔丝摆放后可显现各种表情：喜、怒、哀、乐、俏皮、可爱、睡觉、顽皮、惊讶……

人脸怎么做?

3 用海苔把想要的发型刘海
剪出，上方连接一片方形
海苔

2 用海苔把想搭配
的表情裁好

1 先捏出一个圆
球的饭团

4 先将头发粘到圆球饭团
上，并用方形海苔包住饭
团，做出整片头发

5 贴上眼睛

6 贴上鼻子

7 贴上嘴巴

8 贴上眉毛

人脸完美比例示范

1 将圆形饭团上、下、左、右各画出3条线，
   将圆球分成16等分。

2 第1行上布置头发。

3 将2片眼睛状的海苔贴在第2行的位置，
   并对准左右两条直线。

4 将鼻子状海苔贴在中心点。

5 第3行的中间偏下处，贴上嘴巴形状的
   海苔。

6 第4行留白，当作下巴。

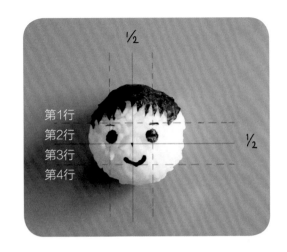

动物脸完美比例示范

1 将圆形饭团上、下各画出3条线，将整体
   分成16等分。

2 将第1行留白。

3 将眼睛状海苔贴在第2行，并对准左右两
   条直线。

4 黄色起司片放在中心偏下的地方。

5 将鼻子状海苔贴在中心点。

6 在第3行的左右放上可爱腮红。

7 第4行留白，当作下巴。

可爱腮红有四种

脸部的腮红可以用几种不同材料制作而成，
火腿、胡萝卜、番茄酱这几种食材都可以使用。

火腿

胡萝卜

番茄酱

动物脸形状的饭团怎么做？

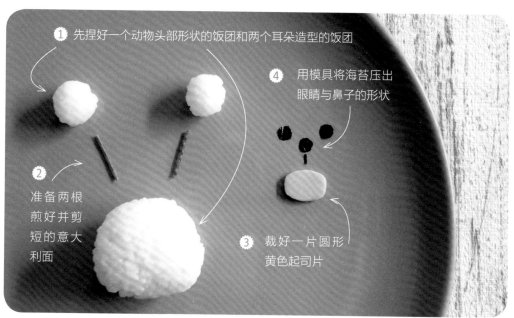

1 先捏好一个动物头部形状的饭团和两个耳朵造型的饭团

4 用模具将海苔压出眼睛与鼻子的形状

2 准备两根煎好并剪短的意大利面

3 裁好一片圆形黄色起司片

5 将耳朵造型饭团用煎意大利面固定到动物头部状饭团上

6 在中间偏下的地方贴上圆形黄色起司片

7 贴上眼睛形状的海苔

8 在黄色起司片上贴上鼻子状海苔即可

10 种孩子最爱的
饭团馅料

这里介绍我的孩子们最喜欢的10种饭团馅料！
制作方法非常简单，而且还可以给餐点的营养加分。
除了包在饭团里面之外，也可以搭配饭一起吃。
孩子们也会因此爱上造型餐点。

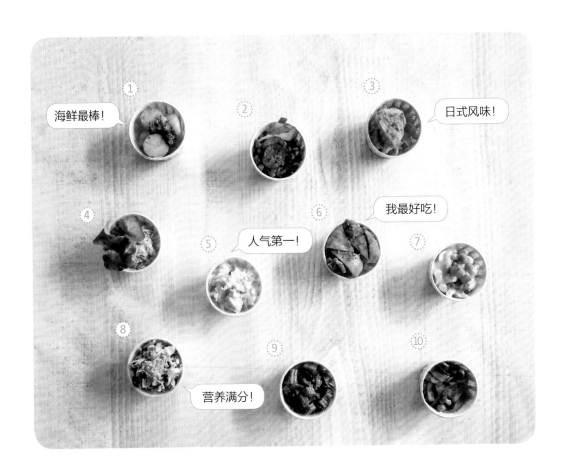

① 黄油干贝

锅内加入黄油，化开后放入干贝煎熟，撒少许盐。

② 茄子猪肉

将洋葱放入锅内炒香后加入猪肉馅，炒熟后再放入茄子，一起将食材都炒熟即可。

③ 味噌鲑鱼

鲑鱼上涂抹味噌后，放入烤箱烤到鲑鱼熟透。

④ 洋葱鲔鱼

选用鲔鱼罐头，先将鲔鱼用热水烫过后把水倒掉。加入少许切碎的洋葱和蛋黄酱，搅拌完成。

⑤ 吻仔鱼煎蛋

锅内倒入少许色拉油，打入鸡蛋。加少许盐后再放入吻仔鱼一起炒。

⑥ 起司肉排

在猪肉馅内加入少许酱油、胡椒粉、盐、糖并搅拌，捏成圆形，在平底锅内煎到全熟后，铺上起司。

⑦ 白酱鸡肉

鸡胸肉煮熟后切丝。将市售白酱倒入锅中，加入冷冻蔬菜煮到蔬菜软后，将酱淋到鸡肉上。

⑧ 菠菜鸡肉

鸡胸肉煮熟后切丝，菠菜烫熟后切碎，和鸡肉一起搅拌，加入少许酱油。

⑨ 黑豆甜豆腐

日本甜豆腐皮切丁后加入日本甜黑豆混合即可。

⑩ 火腿炒菇

草菇和火腿放入锅内煎，加少许盐调味即可。

缤纷配菜超简单，
一种食材多种变化

水煮蛋
水煮蛋切半后很适
合装饰盘内用。

蛋丝
将做好的蛋皮切成细丝
就可以作为装饰性元素。

蛋皮花
黄色的花形可以给餐盘
带来缤纷的视觉效果。

【1】华丽配菜篇——蛋的变化

美丽的造型主体完成了，但还需要进行一点点装饰，这里
教大家几道简单、好学的配菜，不需要花太多时间就可以
将盘内的造型变得更丰富！

荷包蛋
可以用荷包蛋专用
锅，或是用圆形模具
围住蛋在锅内煎。

日式玉子烧（海苔）
包入海苔后的玉子烧，
是孩子的最爱。

薄薄的蛋皮卷进好吃的海苔，让人忍不住一口接一口地吃掉，是孩子们最喜欢的味道。

日式玉子烧（海苔）

1 把 3 个鸡蛋搅拌均匀。

2 将 1/5 的蛋液倒入加有少许油的玉子烧锅内，轻轻晃动锅，使
  蛋液均匀分散在锅内。底部稍微熟后，把蛋皮卷起来。

3 再加入 1/5 份的蛋液。

4 撒上海苔。

5 将第一次完成的蛋卷往回卷。

6 继续同样的做法到蛋液全部用完为止。

＊如果油不够，可以在倒入下次蛋液前再加少许油。

＊将蛋打均匀后分 4～5 次倒入玉子烧锅，是使玉子烧有层次的关键步骤。

黄色的小花围绕在主角身边，让整个餐盘都活泼了起来，快来让料理开满花朵吧！

蛋皮花

1 蛋打均匀后，倒入玉子烧锅内煎熟，做出一张蛋皮。
2 将制作好的蛋皮短边对折。
3 没有开口的方向用刀切断。
4 从一端开始卷起，即可。

＊倒入锅内的蛋液不要太厚，不然蛋皮太厚的话容易破裂。

【2】华丽配菜篇——火腿与小热狗

小热狗章鱼
这道料理是每个日本妈妈都会做的拿手好菜，日剧、漫画中常出现的小章鱼，做法其实很简单！

纹路小热狗 B
让小热狗的切面呈现格状纹路，可以丰富餐盘视觉。

纹路小热狗 A
除了只是把小热狗煎熟，还可以加入一点点的小巧思。

火腿花
淡粉色的火腿花适合放在餐盘的一角作点缀，既漂亮又好吃。

火腿花

1 和蛋皮花的做法类似，只是使用的材料是火腿。

2 将火腿对折后在没有开口的地方用刀切断，卷起来即可。

做好外形之后，粘上切成五官形状的起司片和海苔，活泼的造型小章鱼就完成了！

小热狗章鱼

1 将小热狗的一端用刀切成 6 ~ 8 份（不要切断整个热狗）。

2 锅内加少许油，将热狗放入锅内煎。

3 用刀切开的部位会在加热后开始往外翘。

4 把热狗翘起来的部分再煎一下让造型更饱满。

有纹路的小热狗，
让视觉变得更加跳跃，
连吃起来的口感也会更不一样。

纹路小热狗 A

1 用刀在热狗表面交叉划出纹路（不要切断，
   只要切出纹路即可）。
2 放入锅内加热后纹路就会变明显。

用做好的纹路小热狗来搭配前一篇的蛋
皮花，可以组合成一朵漂亮的向日葵。

纹路小热狗 B

1 将小热狗先切成几段，然后在热狗断面上用
   刀划出纹路。
2 放入锅内煎。

【3】可爱配件篇

在造型饭团上加上一点点的点缀就会使造型饭团变得更可爱。

火腿　　　　起司　　　　蝴蝶结

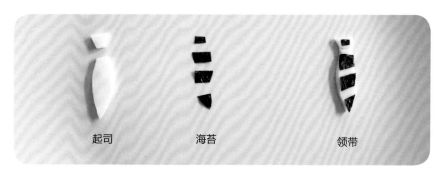

起司　　　　海苔　　　　领带

＊用黄色起司或是白色起司都可以。海苔的粗细也可以依照个人喜好进行调整。

胡萝卜　　　　起司　　　　太阳

＊除了胡萝卜和起司的组合，也可以是火腿＋起司的组合，或是黄色起司＋白色起司的组合。

*将甜豆荚从中间切开后翻开就能做成叶子的形状。

最常用的配件食材

海苔、白起司片、黄起司片、火腿

　　这些都是制作造型餐点时的必备食材。记得冰箱里头要常备。海苔需长期保鲜。

　　保持酥脆的小技巧：海苔开封后要密封后放到冰箱冷藏，这样下一次拿出来使用时海苔还会是酥脆的，将海苔切成其他形状时也比较容易成功。

火腿　　　白色起司片　　　海苔
　　　　　黄色起司片

可爱造型，
需要摆盘技术的映衬

怎么摆盘才可以将料理丰富呈现，怎么摆盘才会使料理精致不乱。
这里分享3种基本装盘概念。

在这本食谱书里头，你们会发现有几道料理都是使用平盘盛装并在上面做装饰，这是一种有立体效果的摆盘方式。

【1】平面底盘

1 将饭倒在浅盘模具内。
2 盖上保鲜膜。
3 将饭压平。
4 把饭倒出放在盘上。
5 摆上装饰性食材即可。

有夹心的底盘就是在饭与饭之间先加入馅料。这样的制作方式让味觉和营养度大提升。孩子们只要吃到里头丰富的馅料就会一口接着一口吃完。

【2】夹心底盘

1 先放入底层白饭。

2 再倒入制作好的馅料。

3 再铺上一层新的饭（可考虑在饭的颜色上做变化）。

4 在做好的底盘上放上配菜、进行装饰。

我很喜欢使用蔬菜做底，这样整道料理不但视觉上丰富、美观，而且蔬菜的摄取量也增加了。我通常最爱用奶油生菜，因为质地柔软、香甜，孩子们很喜欢！

【3】蔬菜底盘

1 先在盘内放入蔬菜，并放上做好的造型饭团。
2 加上配菜与其他装饰性食材。
3 完成后，整道料理会呈现出满满的丰富视觉感。

一日的

CHAPTER 1

早晨

——

孩子们开始上学之后，每一天都希望他们元气满满的。

早上起床后，很多时候都是匆匆忙忙地送孩子们出门。

早餐是一天最重要的一餐，

只要有机会，我一定会给早餐变个花样。

盘中食物所表现的表情不同，孩子们脸上的表情也变得不

一样。

一天快乐的开始，其实可以那么简单。

30分钟

2人份

元气三明治

材料

白吐司 / 3片

全麦吐司 / 3片

黄色起司 / 1／4片

白色起司 / 1／2片

水煮蛋 / 2个

草莓 / 2个

生菜 / 1片

苹果 / 1／4个

蛋黄酱 / 2汤匙

草莓果酱 / 1汤匙

橘子果酱 / 1小匙

番茄酱 / 少许

盐 / 少许

胡椒粉 / 少许

蓝莓 / 少许

海苔 / 少许

做法

1 将所有吐司去边，并切成三角形。将水煮蛋剥壳后切碎，加入蛋黄酱、盐、胡椒粉，充分搅拌均匀，做出蛋沙拉。

2 将制作好的蛋沙拉夹入两片切好的吐司中，完成雏形三明治的制作，可做出四组，其中两组另外夹入切半的生菜。在剩余的吐司分别涂上草莓、橘子果酱，完成草莓三明治、橘子三明治，共两组。

3 用模具将白色起司压出许多星星形状和圆形黄色起司点，装饰在咸口味的三明治上方。将草莓与苹果切成薄片，和蓝莓一起点缀在甜口味的三明治上方。

4 用小熊模具将起司压出黄色小熊形状之后，做出一只可爱小熊（做法参考P27），放在其中一块咸口味三明治的上方。

20分钟

 2~3人份

宝贝加油激励松饼

材料

松饼粉 / 200g
牛奶 / 200g
鸡蛋 / 4个
圣女果 / 6个
起司 / 2片
白砂糖 / 1茶匙
生菜 / 少许
咖啡色巧克力笔 / 适量

便当设计 ✿✿✿

装入用生菜铺底的便当盒中，好看又好吃。

做法

1 将松饼粉、牛奶、3个鸡蛋均匀混合，倒入松饼锅用中火煎，煎好后放凉。

2 在放凉的松饼上，用巧克力笔写上数字并画出宝贝的笑脸。

3 在另外一口锅内，打入3个鸡蛋，加入白砂糖、圣女果、起司，蛋熟后即可关火。

4 将炒好的西红柿起司蛋、生菜一起夹入煎好的松饼中。

 20分钟

🥛 2~3人份

小章鱼夹心饭团

调皮的小章鱼在好吃的饭团上面游走，你想先吃可爱的小章
鱼，还是先吃有营养的夹心饭团呢？

材料

米饭 / 2碗

煎荷包蛋 / 2个

热狗 / 2根

鲑鱼松 / 3汤匙

海苔 / 2大张

小热狗 / 2个

生菜 / 2片

紫甘蓝丝 / 少许

白色起司 / 少许

海苔 / 少许

盐 / 少许

做法

1 将1张海苔转45度角
平放在桌上，将半碗
米饭薄薄地铺在海苔
中央。

2 在米饭上摆上两根
热狗。

3 放上一个荷包蛋，并
撒上少许盐。

4 放上一片生菜叶。

5 在生菜叶上再铺上半碗白饭。

6 将海苔左右两边的尖角往中央折起。

7 将下方的海苔尖角折叠至饭团中央，稍微下压。

8 将饭团完全包起，稍微下压，使米饭和海苔粘贴在一起，完成第一个饭团。

9 另一个口味的饭团按照同样的做法，在第一层米饭铺好后，先铺上3汤匙鲑鱼松。

10 在鲑鱼松上铺上少许的紫甘蓝丝。

11 再放上一个荷包蛋，撒上少许盐，按照步骤4~6的方法完成第二个饭团的制作。

12 将菜刀稍微沾一点水，对切饭团，放上两个小热狗章鱼（做法参见P36），可爱的小章鱼夹心饭团就完成了。

30~40分钟

2人份

豆皮熊猫寿司

小熊猫躺在豆皮内，
得意洋洋的抱着竹子、三色小丸子，
好像每一只都在问："我可爱吗？"

材料

日式甜豆腐皮 / 6片	海苔 / 1/2张
白色起司 / 1/2片	四季豆 / 3根
米饭 / 2碗	米饭（红色）/ 少许
白醋 / 1汤匙	米饭（绿色）/ 少许
白砂糖 / 1汤匙	米饭（黄色）/ 少许
盐 / 少许	煎意大利面 / 少许

做法

1 在2碗米饭加入白醋、白砂糖、盐，混合后分成12等份，搓成圆形备用。

2 将6片日式甜豆腐皮从中部切开，形成口袋状。

3 放入2个饭团。按照同样的方法做出6个口袋饭团。

4 将海苔片剪出小椭圆形，做出小熊猫的眼睛、手、脚，共需18个（将2~3张海苔片叠在一起剪，可以一次剪成多片）。

5 先将眼睛状海苔黏在脸状饭团上。

6 将海苔用模具压出小圆点、微笑曲线、短海苔直线，并黏在脸状饭团上，做成可爱的小熊猫脸部（做法可参考P26）。粘上手、脚之后，用煮熟的四季豆切半来当作竹子。

便当设计 ❀❀❀

用生菜铺底，让可爱的三只小熊猫住进便当盒吧！

7 放上圆形白色起司到海苔上当作耳朵，随着起司的形状将海苔一起剪成圆形。

8 将红色、绿色、白色米饭搓成小圆球，用煎意大利面穿起来，可以变成可爱的小丸子。

烘烤法式吐司

 40分钟

2~3人份

材料

吐司 / 6片	巧克力酱 / 少许
鸡蛋 / 3个	草莓酱 / 少许
牛奶 / 100g	枫糖 / 适量
白砂糖 / 1汤匙	肉桂糖粉 / 适量
香草精 / 少许	香蕉 / 1根
黄油 / 2大匙	猕猴桃 / 1个

做法

1 将鸡蛋、牛奶、白砂糖、香草精倒入碗里，搅拌均匀。

2 将4片吐司叠放后，切成3等份。

3 把切好的吐司每一块都均匀沾上步骤1制作完成的蛋汁后，放在烘焙纸上。

4 放入预热至180℃的烤箱烤5分钟。

5 取出后，在每一块吐司上涂抹黄油，再次送入烤箱烤2~3分钟。烤至咖啡色后，翻面，涂上黄油继续烤5~6分钟。双面着色后取出。

6 将剩下的2片吐司去边，用剪刀剪出小兔子的形状。

7 用巧克力酱画出眼睛，用草莓酱点缀腮红部分。把步骤5完成的烘烤法式吐司摆到盘子上，放上切好的水果后撒上肉桂糖粉和枫糖。最后将小兔子摆在旁边。

🕐 **30分钟**

☕ **2人份（轻食）**

给宝贝的爱心

材料

白吐司 / 2片	小黄瓜切片 / 1/2根
西蓝花 / 1/3个	煎意大利面 / 约11根
白色起司 / 1/2片	草莓酱 / 2～3小匙
黄色起司 / 1/4片	巧克力酱 / 少许
圣女果 / 1个	盐 / 少许

云朵：白色起司片

秋千：折成小段的煎意大利面

树干：煎意大利面

太阳：黄色起司片

足球：白起司片加巧克力酱

草地：烫熟西蓝花（可适量加上盐或是沙拉酱作料）

做法

1 将白吐司去边后用硅胶棒压平。

2 在表面划出爱心形状后用剪刀剪下。

3 在爱心表面涂满草莓酱。

4 使用牙签蘸一点巧克力酱在吐司片上画出眼睛、嘴巴部分。盛入盘中后，再用牙签蘸巧克力酱在盘子上画出手和脚。

5 将圣女果对切成两半后摆入盘上，下方加上2小根煎意大利面和黄色起司片，红色热气球就做好了。

6 使用小黄瓜做成盘内大树的树叶状，小黄瓜的边缘稍微用小剪刀剪出锯齿状。

⏰ 20～30分钟

🍵 3人份

开动饭团

材料

米饭（白）/ 约1.5碗

米饭（咖啡色）/ 约1.5碗

海苔 / 1/2张

蛋黄酱 / 少许

＊饭团馅料 / 适量

（馅料做法可参考P28）

（馅料着色方式可参考P20）

做法

1 将白色米饭、咖啡色米饭各分成3等份，包入馅料后捏成圆形，用保鲜膜包起来备用。

2 海苔用小刀划成三角形后用小剪刀修剪边缘（三角形大小要比饭团小一点）。

3 将三角形海苔切成三角形的边。

4 将饭团上涂上少许蛋黄酱后，将三角形边贴在饭团上。

5 将海苔剪成长方形、贴在三角形边缘内侧。

6 用小刀将海苔刮出叉子和汤匙的形状。

7 在饭团上涂上蛋黄酱后将汤匙、叉子形状的海苔贴上。搭配装饰配菜，就可以端上桌喽！

便当设计 ❀❀❀

在盒子内装入两个饭团，再放进配菜，营养满分！

CHAPTER 2

宝宝的小冒险

孩子们最爱角色扮演了！

将他们喜欢的卡通形象复刻到餐盘上，对孩子们来说是很大的惊喜。

“我们好像在宇宙哦！”“妈妈，你看是忍者耶！”

看到餐盘里头呈现出来的情境，孩子们每吃一口的同时，脸上也充满着满足的笑容。

30~40分钟

 3人份

宇宙外星人

材料

大米饭 / 2碗

饭（红色）/ 约1/2碗

饭（黄色）/ 约1/2碗

肉馅 / 1.5碗（此食谱采用猪肉、鱼肉馅）

海苔 / 1张

蟹肉棒 / 1小根

黄色起司 / 1片

白色起司 / 1片

鹌鹑蛋 / 2个

海苔 / 少许

做法

1 在方盘内铺上大米饭。

2 将肉馅倒在米饭上。

3 铺上调味过的红色饭、黄色饭以及少许大米饭。

4 用圆形模具切割圆形海苔，将海苔摆放在饭上，割除圆形的部位会露出底下米饭的颜色。

5 取约1/3手掌心大小分量的大米饭，捏成锥状。

6 将蟹肉棒红色部位分别切成长方形、圆形和2条长条状。将切好的蟹肉棒贴在锥状饭团上，再用保鲜膜包紧，做成小火箭状饭团。

7 将煮熟的鹌鹑蛋贴上2个半圆形海苔，做成可爱外星人。

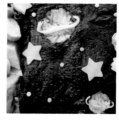

8 在黄色、白色起司片上割出小圆点、星星图案。放到盘内海苔上装饰。将蟹肉棒白色部分，围绕在盘内海苔的周围即可。

 30~40分钟

 3人份

兔子猎蛋节

材料

鹌鹑蛋（煮熟）/ 8个 白色起司 / 少许

豌豆仁 / 8~10个 黄色起司 / 少许

煎意大利面 / 4小根 胡萝卜 / 少许

碗豆荚 / 2~3片   火腿 / 少许

大米饭 / 约1.5碗   海苔 / 少许

做法

  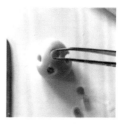

1 准备小洞模具或是硬吸管，将鹌鹑蛋的蛋白压出圆形。

2 在火腿、黄色起司片、碗豆荚（煮熟）上也用吸管压出小圆形。

3 将从火腿等食材上切下的圆形按到鹌鹑蛋的空隙里头，做成可爱的彩色蛋。

4 将白米饭捏成两个三角形。

5 用海苔、黄色起司片、火腿，做出小兔子的可爱表情（做法可参考P25）。

6 取1汤匙大米饭，捏成圆柱状，插入煎意大利面，插入小兔子头部上固定成兔子的耳朵（做法可参考P27）。

便当设计 ✿✿✿

铺上蔬菜底盘后，让小兔子带着彩色蛋住进便当盒里吧！

7 用模具或是小剪刀在火腿上制作出类似耳朵形状的椭圆形状，放上兔子耳朵上，再用白色起司片做其他装饰。用豌豆做兔子的头部装饰。

30~40分钟

 4人份

山里头的可爱小鬼

材料

米饭（绿色）/ 1.5碗　　　　海苔 / 1/4张

米饭（粉红色）/ 1.5碗　　　鲣鱼酥 / 少许

米饭（黄色）/ 1.5碗　　　　番茄酱 / 少许

黄色起司 / 5片　　　　　　　鱼丸 / 2个

白色起司 / 1/2片　　　　　　煎意大利面 / 2根

做法

1 将每种颜色的米饭都分为3等份，捏成三角形。将黄色起司片裁成约步骤1饭团的一半大小的片，用模具将海苔压成五官状（用小剪刀也可以）。

2 把黄色起司片放到饭团上包住。

3 贴上眉毛、眼睛、嘴巴状海苔。用小剪刀将海苔剪出不规则条状后贴到黄色起司片上。

4 把白色起司片剪成小三角形，贴上少许鲣鱼酥和不规则海苔线条，再贴到小鬼头上。

5 用牙签沾少许番茄酱作为可爱小鬼们的腮红，小鬼饭团就完成了！

6 将鱼丸煮熟后插上折断的煎意大利面，点缀在盘子内。

便当设计 🌸🌸🌸

把可爱的小鬼装进便当盒内，用肚子收服它们吧！

森林中的小猎人

🕐 30~40分钟

🍵 2~3人份

材料

甜豆皮 / 2块

鲣鱼酥 / 3大匙

大米 / 2杯

水 / 2杯

海苔 / 1张

草菇 / 约50g

培根碎 / 3片

火腿 / 少许

蛋黄酱 / 少许

白色起司 / 少许

黄色起司 / 少许

做法

1 将大米倒入锅中，加入水、草菇、培根碎，蒸熟后略搅拌，取2碗份，放入盘内铺平。

2 将半张海苔铺到饭上。将白色起司片和黄色起司片做成花朵状装饰。

3 取1碗米饭，分成2份，各揉成圆形。将甜豆皮从中间切开（不切断），放入饭团。

4 将海苔剪成小猎人眼睛、睫毛、鼻子、嘴的形状，贴在饭团上。

5 再剪出一条长条状的海苔，固定在甜豆腐皮上边缘上做成帽子。

6 使用模具在火腿上压出小圆形，放到小猎人脸上当作腮红。

便当设计 🌸🌸🌸

让小猎人住进布置好的便当盒内，带它出门吧！

7 取一点蛋黄酱粘在甜豆皮边缘，贴上鲣鱼酥，让帽子更立体。

30分钟

2~3人份

海洋上的鲸鱼

材料

大米饭 / 约3碗　　　　　白色起司 / 少许

肉松 / 1/2碗　　　　　　黄色起司 / 1/2片

海苔酥 / 3汤匙　　　　　火腿片 / 少许

海苔 / 1大张　　　　　　胡萝卜片（煮熟）/ 2片

甜豆腐皮 / 1张

做法

1 在长方形分享盘内铺上1.5碗大米饭。

2 铺上海苔酥和肉松。倒入剩余的米饭，铺在最上层。

3 将海苔剪成分享盘大小，用小刀割出鲸鱼的形状，铺到白饭上。

4 将剩余的海苔剪成水柱的形状，放到鲸鱼上端，并做出鲸鱼眼睛（做法参考P24）。在鲸鱼肚子部位贴上长条形白色起司片，上面放上小段的海苔丝。

5 将甜豆腐皮剪出船的形状，再用三角形的火腿片当船帆。

6 将黄色起司片压成水滴状，将底部三角形切除后翻转，装饰上眼睛后，就做成了一只小鱼（可多做几只）。

便当设计 ✿✿✿

把饭团整体的比例缩小后，就可以装进便当盒内。

7 将切片和切段的胡萝卜做成太阳的形状，加入配菜即可。

环游世界小飞机

🕐 30分钟

🥤 3~4人份

材料

吐司 / 4片

蛋清 / 2个

蛋黄 / 2个

白砂糖 / 1茶匙

盐 / 少许

生菜 / 少许

黄色起司 / 5片

白色起司 / 少许

小红旗（可以手绘
或是电脑打印）

做法

1 将吐司去边后，沾上搅拌均匀的蛋黄液。

2 放上黄色起司片。

3 在蛋清液中加入白砂糖和盐。

4 打发均匀后，分成4等份。

5 涂到铺有起司片的吐司上。放入预热至150℃的烤箱烤7~8分钟。

6 用牙签在黄色起司片上刻出飞机形状。

7 将白色起司片切成小长方形，放到飞机形状起司上当作窗户。

8 在烤好的云朵上铺上生菜后放上小飞机，将小红旗粘在牙签上，插到云朵上，完成！

40分钟

 2~3人份

男孩最爱忍者村

小忍者在餐桌上对你招手，不快来吃掉它们的话，它们可要对你射出海苔飞镖哦！

材料

甜豆腐皮 / 3片	白起司 / 少许
大米饭 / 3碗	火腿 / 少许
白醋 / 2汤匙	盐 / 少许
海苔 / 1/4张	蛋黄酱 / 少许
白砂糖 / 1汤匙	饭团馅料（做法可参考P28）

做法

1 将大米饭、白醋、白砂糖、盐搅拌均匀，分成7等份，包入做好的饭团馅料并捏成圆球形。取1片甜豆腐皮，将4角剪开，挖开，放入1个饭团。

2 将步骤1做好的饭团用保鲜膜包裹后，做成忍者饭团。

3 用小剪刀将海苔剪成忍者头发、眉毛、眼睛的形状，用模具把火腿切成圆形。

4 将步骤3处理好的食材全部贴在饭团上（贴法可参考P25）。

5 剪4个一边有些弯曲的三角形，并把这4个三角形拼凑成1个忍者飞镖的形状。

6 在中心蘸一点蛋黄酱，黏上一个白色起司小圆点，完成飞镖整体造型。并给每个忍者分别做出不同的表情（可参考P24）。

便当设计

一个便当盒刚好可以放进2个忍者小饭团，快带它们一起出门冒险吧！

7 其他饭团可以用海苔做成的飞镖或其他图形装饰。也可以用其他食材如蛋皮等包裹饭团。

⏰ 30分钟

🍵 2～3人份

企鹅冰国

小企鹅在饭盘上蹦来跳去，再不吃掉它们，它们就要躲进苹果冰屋里了哦！

材料

大米饭 / 约3碗

红苹果 / 1/2个

胡萝卜 / 1根

胡萝卜片（煮熟）/ 少许

海苔 / 1大张

白起司 / 1片

煮鹌鹑蛋 / 1个

火腿片 / 少许

蛋黄酱 / 少许

青椒 / 少许

玉米笋片 / 适量

做法

1 用1碗半的米饭做成平面底盘（参考P41）。将红苹果对切成两半，刮出圆弧状，将皮刮去，做成冰山小屋的门。

2 划出纵、横向线条，将部分苹果皮挖除，做出格状效果，做出格状效果的小屋外观。

3 取1汤匙大米饭，捏成圆形备用。把海苔剪成边长为饭团直径2倍长度的方形，剪成如图所示的形状。

4 将海苔摊开，并将饭团包起。

5 准备3个小椭圆形胡萝卜（做成小企鹅的嘴和脚），2个圆形火腿（当作小企鹅的腮红），2片圆形海苔（当作小企鹅的眼睛）。

6 将它们用蛋黄酱黏到饭团上，做成可爱的小企鹅状（做法可参考P27）。

7 将熟鹌鹑蛋的蛋黄挖出，切半后，边缘剪成锯齿状放到其中一只小企鹅头上。

8 胡萝卜对切成两半后在上面贴上细长条状海苔，做成北极冰树的外形。

9 用刀在稍微烫过的青椒上刮出树的形状。

便当设计

把小企鹅和可爱的苹果冰屋装进便当盒里，就算是夏天也觉得凉快起来。

10 将制作好的小企鹅、冰树、松树、冰屋等放上步骤1上的白饭。用白色起司片、海苔、玉米笋片装饰即可！

日本电车

 30~40分钟

 2~3人份

材料

大米 / 2杯
水 / 2杯
咖喱粉（甜味）/ 2小匙
葡萄干 / 15粒
洋葱 / 少许
黑（白）芝麻 / 少许
盐 / 少许

海苔 / 1/4张
白色起司 / 1片
生菜 / 5~6片
熟猪肉丸 / 6~7个
烤紫洋葱 / 1/3个
黄洋瓜 / 1/2个
绿洋瓜 / 1/2个

做法

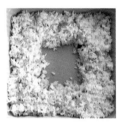

1 将大米和水倒入锅中，加入咖喱粉、葡萄干、洋葱、芝麻、盐做出咖喱葡萄干芝麻饭，蒸熟后将饭搅匀，倒入方盘内，中间留空。

2 在中央的空隙处依序放入生菜、熟猪肉丸、烤红洋葱、黄洋瓜、绿洋瓜。

3 将海苔剪成细长条，围绕在盘中。

4 将较短的海苔放到轨道中间，做成电车轨道状。将白色起司片切成6个长方形片做成电车车厢。

5 在其中5个长方形上贴上用海苔做成的小长方形当作电车的窗户，再贴上海苔做成的线条让电车成形。

6 将剩余的长方形白色起司前割出弧度，并贴上有弧度的海苔方块和线条，做成电车头。

7 把剩余白色起司片压出小圆形，做成电车的轮胎，轮胎中间在放上海苔剪成的小圆点。将完成的电车摆进饭盘中，环绕中间的肉丸子，完成!

🕐 20～30分钟

🍵 2人份

我是狮子王

材料

米饭（咖啡）/ 3碗
肉松 / 6汤匙
黄色起司 / 1片
白色起司 / 1/4片
海苔 / 少许
馅料（做法请参考
P28）

做法

1 在碗内放入馅料然后盖上1.5碗米饭。

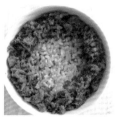

2 在碗边缘铺满肉松，将边缘铺满。

3 用牙签在黄色起司片和白色起司片上切割出狮子王的耳朵、眼睛、嘴巴。

4 将割好的起司片放到饭上，将耳朵放在肉松处。

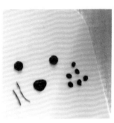

5 将海苔上剪成狮子王的眼睛、鼻子、胡须状。

6 摆放到起司片上，完成狮子王的脸（做法可参考P27）。一碗可爱的狮子王饭就做好了。

下午的
轻食

CHAPTER 3

一

孩子们每天放学时都说肚子饿，
自从我开始在家中做小点心，
让他们下课时马上可以吃后，
每一次他们下课时就非常期待，
想要知道妈妈做了什么可爱的餐点。
吃的营养、方便拿着食用，
是给宝贝下午点心的重点。

⏱ 30分钟

☕ 2人份

冰淇淋三明治

材料

吐司 / 4片
白色起司 / 1片
黄色起司 / 3片
海苔 / 少许
煎蛋 / 2个
生菜 / 2片
黄油 / 少许

做法

1 将吐司放在烤盘上烤至稍微变成淡咖啡色，取出后去边。取2片吐司，涂一些黄油，夹入生菜、煎蛋、黄色起司1片（也可以自己制作喜欢的馅料，馅料做法可参考P28）。

2 以对角线45度角对切两次，得到4个三角形三明治。用小刀在白色起司片上割出冰淇淋形状。

3 用海苔做成眼睛、嘴巴。

4 将冰淇淋放到盘内的三明治上，做出一支可爱的冰淇淋。用同样步骤再制作3个黄色起司冰淇淋三明治，用并黄、白起司圆点在上面装饰。

60~80分钟

3~6人份

彩虹比萨

材料

比萨皮

高筋面粉 / 280g

黄油 / 15g

白砂糖 / 1汤匙

牛奶 / 180ml（＊天气炎热时请使用冰牛奶）

盐 / 1茶匙

酵母粉 / 3g（盐和酵母要分开放，以免影响发酵）

馅料

圣女果 / 10个

红椒 / 1个

紫椒 / 1/2个（如果没有紫椒，使用茄子也可以）

西蓝花 / 2~3块

玉米 / 3汤匙

起司 / 3~4片

做法

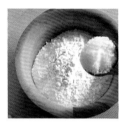

1 将制作比萨皮所需的原料混合在一起（盐和酵母粉要分开倒入），揉匀5~8分钟。

2 将揉好的面团放入容器中，盖上保鲜膜或是湿纱布，放到约35℃的密闭空间内发酵30~40分钟，膨胀至约2倍大（如果没有发酵箱，可以将一杯热开水放入密闭式烤箱里，并放入面团进行发酵）。

3 在烤盘内涂适量油，取适量面团平铺在烤盘内。

4 铺上起司。

5 将比萨馅料切丁。

6 依次将圣女果、红椒、玉米、西蓝花、紫椒由外向内摆在饼坯上，放入预热至180℃的烤箱烤约15分钟。

＊和宝贝们一起制作，教他们边认食材边动手。自己做出来的全蔬菜比萨最好吃，宝贝也爱大口大口地吃！

30～40分钟

 3人份

微笑甜甜圈

材料

松饼粉 / 120g

牛奶 / 60mL

鸡蛋 / 1个

白砂糖 / 1汤匙

无盐黄油 / 10g

白巧克力 / 100g

黑巧克力 / 100g

白巧克力笔 / 少许

黑巧克力笔 / 少许

做法

1 将松饼粉、牛奶、鸡蛋、白砂糖、无盐黄油全部倒入碗内，搅拌均匀，即为松饼液。

2 在甜甜圈模具内抹少许色拉油。

3 每一格内倒入六七分满的松饼液。放入预热至180℃的烤箱烤15分钟。

4 取出后将长竹扦插入松饼内，拔后没有看到松饼液体就是烤好了。脱模后放入烤盘架上冷却。

5 用隔水加热法使黑、白两色巧克力化开。

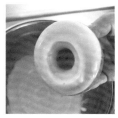

6 将已经放凉的甜甜圈蘸入巧克力液，取出后放凉，直到巧克力变硬。

7 重复此步骤，做出黑、白巧克力甜甜圈共6个。

8 用巧克力笔在上面画出笑脸和喜欢的装饰，即可。

🕐 30～40分钟

🥣 2～3人份

读书写字三明治

材料

火腿 / 1片
白吐司 / 4片
全麦吐司 / 1/4片
黄色起司 / 1片
白色起司 / 1.5片
黑芝麻 / 10～15粒
海苔 / 少许
馅料（鸡蛋沙拉和草莓
酱，做法可参考P28）

做法

1 白吐司去边后夹入馅料后切半，放入方盘内。将全麦吐司去边后稍微用手掌将吐司压扁，切成长方形。

2 将长方形吐司放到白色起司片上，将白色起司切成同样大小后包在吐司内，对折、按压，用刀切平。

3 将三明治做成小书状雏形。

4 将白色起司片当作书的内页，将全麦吐司当作书皮。

5 在书皮上用海苔压出"Book"等文字。

6 再做一本摊开的书，书中的文字用黑芝麻和海苔制作。

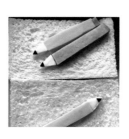

7 将黄色起司片、火腿裁成长条状，当作铅笔的笔身，并将白色起司片裁成三角形当作笔头，黏上三角形的海苔当作笔芯。

便当设计 🌸🌸🌸

切两块放到便当盒中，再摆上书本与铅笔，这道料理就完成了。

 30分钟

 3人份

立体汉堡包

汉堡和薯条是垃圾食物？下面就来教大家做出健康又清爽的
立体汉堡包。

材料

圆形餐包 / 4个

汉堡肉 / 4块

白色起司 / 1片

番茄 / 4片

生菜 / 4片

海苔 / 少许

火腿 / 少许

蛋黄酱 / 少许

苹果 / 2块

做法

1 将圆形餐包对切成两半。

2 准备椭圆形白色起司1片、椭圆形海苔1片、圆形海苔2片、直条海苔1段，组合成小熊的脸部（做法可参考P27）。

3 用模具压出2片白色起司圆形和2片火腿圆形。在餐包上涂上一点蛋黄酱后贴上起司和海苔。

4 在餐包上在应该贴耳朵的部位切口，将步骤3的圆形起司插入，上面再摆上圆形火腿，做出小熊的耳朵。

5 在餐包内夹入煎好的汉堡肉、番茄、生菜，汉堡就完成了。重复步骤1~5做出小猫咪汉堡包（小猫咪耳朵是三角形，鼻子和胡须也使用不同模具即可）。

6 切2小块带皮苹果。

7 将苹果果肉中心挖空。

8 将挖出来的苹果切成细条状。

9 在苹果皮上用小刀刮出想要的文字或是形状。将苹果条放入空心果皮壳内就完成超可爱的苹果薯条。

可爱时钟三明治

 30~40分钟

 2~3人份

材料

白吐司 / 5片	蛋黄酱 / 少许
黄色起司 / 1片	鸡蛋 / 3个
白色起司 / 1片	菠菜 / 2根
火腿 / 少许	番茄 / 1/2个
海苔 / 少许	盐 / 少许
胡萝卜（煮熟）/ 8小片	

做法

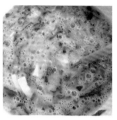

1 将鸡蛋、番茄、菠菜、黄色起司、半片白色起司片切碎，一同放入碗内，撒上盐、搅拌均匀。锅内加少许色拉油，中火加热，将蛋汁倒入锅内，加热1~2分钟后转成中小火煎熟。

2 放凉后，用圆形模具将步骤1做好的菠菜西红柿起司蛋压成4个大圆形，备用。

3 用圆形模具压出圆形白色吐司片8个，并在吐司中间夹入步骤2做好的蛋饼。

便当设计

用生菜铺底后，放进两只可爱的小动物，带出门吧！

4 将剩余的吐司皮用模具压出小狗、小熊、兔子耳朵和小鸡的鸡冠。

5 做出每个小动物的表情（做法可参考P24）后用蛋黄酱贴在饭团上，小鸡的嘴巴为对切成两半的圆形火腿，小鸡的脚用6根海苔细条拼凑成。压出16个小圆形吐司，2个为一组，中间涂上草莓果酱夹心，外观放上胡萝卜蝴蝶结装饰。

你一碗
我一碗

CHAPTER 4

——

和小伙伴一同分享午餐的时候，

看看朋友的碗里面装了什么，

再看看自己的碗里头放了什么。

分享的时候，

每一口都有不同的风味。

 40分钟

 2人份

Hello!
咖喱饭

材料

马铃薯 / 3个
胡萝卜 / 半根
洋葱 / 1/2个
鸡肉馅 / 100g
咖喱块 / 4小块（可使用
儿童专用咖喱块）
色拉油 / 少许

米饭 / 2碗
海苔 / 1/5张
白色起司 / 1/2片
火腿 / 1/2片
水煮蛋 / 2个
水 / 足够掩盖所有材料的分量

做法

1 将马铃薯、胡萝卜、洋葱切丁。锅用中火烧热后加入少许色拉油。

2 将马铃薯、胡萝卜、洋葱、鸡肉馅放入锅内，转大火快炒至变色后转中火，倒入水煮至食材变软。放入咖喱块搅拌至融化，转小火再煮10分钟关火。

3 在两个圆盘中心各扣入1碗米饭。

4 将步骤2的混合物分别倒入盘中米饭的周围。

5 用模具在白色起司片和火腿上压出小熊的眼睛、腮红、蝴蝶结。

6 用小剪刀在海苔上剪出眼睛、鼻子、嘴巴的形状，摆到米饭上。

7 将水煮蛋对切成两半后放到盘上作为小熊的耳朵。

30分钟

2人份

熊熊肉燥饭

材料

米饭 / 2碗
白色起司 / 1/2片
黄色起司 / 少许
海苔 / 少许

火腿 / 少许
肉燥 / 1碗
番茄酱 / 少许
铝箔纸 / 1张

做法

1 将米饭盛入碗中。

2 将铝箔纸盖在碗面上。

3 在铝箔纸接触碗边的地方压出圆形痕迹，将铝箔纸取下。用牙签划出小熊的脸部形状，然后剪下。

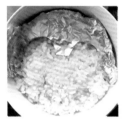

4 将铝箔纸摆放到米饭上。

5 将肉臊铺在碗内铝箔纸没有覆盖的地方，将铝箔纸取下，小熊形状就成形了。

6 用大小不同的模具在白色起司片上压出小熊鼻子、眼睛、腮红，在腮红点上一些番茄酱，让小熊更加可爱。

7 用模具海苔做出眼睛、鼻子的形状，放到白色起司片上（做法可参考P27）。将剩余黄色起司片压出可爱形状装饰于碗内，完成！

🕐 30～40分钟

☕ 2人份

爱睡小兔鲑鱼饭

材料

米饭 / 3碗

鲑鱼 / 3片

圣女果 / 6个

生菜 / 少许

酱油 / 1大匙

蛋皮（小玉子锅大
小）/ 2片

白色起司 / 1片

海苔 / 少许

小胡萝卜 / 2～3根

煎意大利面 / 4小根

番茄酱 / 少许

做法

1 鲑鱼放入抹有油的平底锅中，用中火煎，倒入酱油后煎至熟为止。

2 在每个碗中都盛入1碗白饭，上面铺上生菜、圣女果，再放上煎好的鲑鱼。

3 将煎好的蛋皮用模具压出数个星星形状，取出压好的星星。在白色起司也用星形模具压出几个星星。

4 将白色起司星星放入蛋皮的挖空处。取半碗白饭，分别捏成1个圆形、2个小圆形、2个长条状，放入碗内拼成小兔子的形状，耳朵部位用煎意大利面插入固定在头部（做法可参考P27）。

5 用模具将海苔压成兔子的眼睛、鼻子的形状，贴在兔子脸上，再点上番茄酱作为可爱的腮红。

6 用同样的方法在另一个碗中做出另一个小白兔饭团，将小胡萝卜放入小兔子的怀中，整道料理的造型更可爱了。

小金鱼盖饭

 30~40分钟

 2人份

材料

米饭 / 2碗　　　　　　小黄瓜 / 6片

猪肉馅 / 180g　　　　　生菜 / 少许

茄丁 / 适量　　　　　　圣女果 / 3个

白砂糖 / 1汤匙　　　　 白色起司 / 少许

盐 / 1小匙　　　　　　海苔 / 少许

酱油 / 2大匙　　　　　色拉油 / 少许

做法

1 锅内加少许色拉油，倒入猪肉馅用中大火炒，加入白砂糖和盐调味，倒入茄丁，加入酱油，炒至茄子变软。

2 将半碗米饭倒入碗中。

3 倒入茄丁肉馅。

4 倒入半碗米饭，放上适量生菜和小黄瓜片。

5 将圣女果对切成两半，一半作为小金鱼的身体，另一边则切成片状，作为小金鱼的尾巴，将其中一片圣女果当作小金鱼的腹鳍。

6 将2片圆形白色起司片贴到小金鱼身体上做成眼睛，再放上圆形海苔，小金鱼就完成了。

便当设计 ❀❀❀❀

让小金鱼游进便当盒内吧，搭配生菜好清爽！

7 将完成的小金鱼们放到饭上。用同样的方法制作另一碗小金鱼盖饭。

30分钟

2人份

太阳花与肉酱面

材料

鸡蛋 / 2个

海苔 / 少许

胡萝卜（煮熟）/ 1片

火腿 / 1/2片

甜碗豆荚 / 1片

洋葱（切丁）/ 1/2个

猪肉馅 / 150g

番茄（切丁）/ 1/2个

起司粉 / 1汤匙

意大利面酱（番茄底）/ 约400ml

盐 / 1茶匙

意大利面 / 250g

胡椒粉 / 适量

色拉油 / 少许

做法

1 锅内倒入色拉油，放入洋葱丁、猪肉馅、番茄丁，加入意大利面，倒入意大利面酱，撒上胡椒粉、盐、起司粉，煎好2个荷包蛋，放到意大利面上。用小圆形模具将火腿压出6~8个圆形。

2 将每一个圆形对切成两半。

3 将香肠片围绕荷包蛋的蛋黄周围，做成花瓣。

4 将甜豌豆荚对切成两半，用小剪刀剪出叶子形状和叶梗形状。

5 放到花瓣下侧。

6 将海苔用小剪刀剪出眼睛、嘴巴，贴到蛋黄中间。

便当设计 🌸🌸🌸

这份食谱用的是半生蛋，放到便当内的蛋黄要做成全熟。

7 重复同样的步骤，就可以做出太阳肉酱面，只需将半圆形火腿换成三角形红萝卜。

 30分钟

 2人份

小熊野餐会

小熊拉着气球要出去玩，还不快追上它。

材料

白吐司 / 4片   带皮红苹果 / 2片

圣女果 / 6个   黄色起司 / 半片

水煮蛋 / 1个   花生酱 / 2~3汤匙

巧克力酱 / 少许   圆形巧克力 / 2个

做法

1 用圆口杯子在白吐司上切出圆形吐司，在另外一块白吐司上剪出小熊下半身的形状。

2 在白吐司上涂满花生酱。

3 切下吐司边，用模具压出2个半圆形，作为小熊的耳朵。再用剩余吐司边切出2条细长方形，作为小熊的手。

4 把涂好花生酱的吐司和剪下来的小熊耳朵、手部的吐司边拼凑在一起，再从白吐司上剪一块半椭圆形，作为小熊的嘴巴。

5 将苹果切成薄片，保留果皮，用小刀在苹果皮上刮出几条横条。

6 将果皮放在小熊的脖子上，做成围巾。用牙签蘸少许巧克力酱，画出小熊眼睛和鼻子下的直线条。

7 放上一颗圆形巧克力当作小熊的鼻子。

8 用牙签蘸一些巧克力酱，在盘子上画出拴气球的线。将圣女果对切成两半后，放到巧克力线上方作为气球。

9 将水煮蛋对切成两半后放到盘子上后，旁边摆上黄色起司条，做成可爱的太阳。

30分钟

 2人份

微笑蛋包饭

材料

米饭 / 2碗	酱油 / 2茶匙
热狗（切丁）/ 5小根	番茄酱 / 2汤匙
冷冻蔬菜 / 1/2碗	色拉油 / 少许
南瓜 / 3~4片	鸡蛋 / 1个
盐 / 1茶匙	海苔 / 少许
糖 / 1汤匙	胡萝卜（煮熟）/ 4小片

做法

1 锅内加入少许色拉油，加入热狗丁、冷冻蔬菜、南瓜片一起炒。

2 炒至南瓜变软后，倒入米饭翻炒，放入酱油、番茄酱、糖、盐调味。

3 将蛋打匀，用滤网过滤蛋液。

4 锅内抹上少许色拉油，油烧热后将火后转成中小火，倒入蛋液慢慢煎。

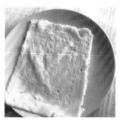

5 煎至蛋液表皮凝固后翻面，稍微煎一下关火。

6 将炒饭放入盘内，整形成椭圆形。

7 盖上步骤5完成的蛋皮。

8 在蛋皮上方放上用海苔做成的微笑嘴巴、眼睛、用胡萝卜压成的腮红，完成。

餐桌上的绘本

CHAPTER 5

睡觉前，给孩子们讲了故事，

梦境里，孩子们是不是也梦到了故事的内容呢?

做饭的过程，有时孩子们也会参与。

看着盘内的食物，孩子们也不禁问:

"妈妈，这个小猪在做什么啊?"

"小鸡为什么住在这里?"

"沙滩上很多螃蟹吗?"

盘子内充满了故事。

孩子们的想象力让盘内的角色好像在餐桌上活了起来。

三只小猪

🕐 30~40分钟

☕ 3人份

材料

粉红醋饭粉 / 2汤匙

米饭 / 3碗

火腿 / 1片

海苔 / 少许

豌豆 / 少许

蛋皮 / 少许

火腿 / 半片

盐 / 少许

饭团馅料（馅料做法
可参考P28）

便当设计 ❄❄❄

加入配菜后，小猪开心
地住进便当盒内对着
你笑。

做法

1 在1碗半的米饭中掺入粉红色醋饭粉，搅拌均匀，分成4等份，将其中的3份包入馅料后搓成圆形，剩下的1份再分为6等份，搓成圆形。

2 每一个大圆形饭团各准备2个三角形火腿、1个椭圆形火腿、1对海苔，作为耳朵、鼻子、眼睛。

3 椭圆形火腿中间用吸管压出2个圆洞，做出小猪的鼻子。将小猪的眼睛、鼻子、耳朵贴到饭团上，完成可爱的小猪。

4 取步骤1的2个小圆形饭团放在前面，做成小猪的手。将剩下来的米饭与豌豆、火腿、蛋皮、盐搅拌均匀，分别捏成3等份的圆球状，插在小猪中间。

30分钟

 3人份

动物饭团比萨

可爱的小动物们聚集到比萨上面开派对了，你想先跟谁跳舞呢？

材料

米饭 / 约1.5碗

饭（红色）/ 约1/2碗

饭（黄色）/ 约1/2碗

饭（咖啡色）/ 约1/2碗

饭（橙色）/ 约1/2碗

黄色起司 / 2片

白色起司 / 1/2片

生菜 / 2~3片

肉排（汉堡肉）/ 2~3块

胡萝卜（煮熟）/ 少许

火腿片 / 少许

海苔 / 少许

煎意大利面 / 1根

做法

1 在抹少许油的圆形平底盘内铺上1碗白饭。把黄色起司片切成6等份，铺在饭盘上。铺上生菜、煎好的汉堡肉。

2 将不同颜色的饭（红、橙、黄、咖啡、白）均匀铺放在圆平底盘内，盖上保鲜膜后把饭压紧，倒出后放在步骤1的成品上。

3 用椭圆形的白色起司片和海苔做成小熊的眼睛和鼻子。用咖啡色饭搓两个小圆形，固定在咖啡色饭上做成耳朵（做法可参考P19）。

4 用白色起司片和海苔做成小熊的蝴蝶结。用白米饭搓成2个小圆球后用海苔包住，用煎意大利面固定在白色饭上，做成熊猫的耳朵。

黄色小熊

用和制作熊猫一样的方法制作黄色小熊，并用胡萝卜做成小熊的蝴蝶结。

小猪

在橙色饭上用海苔、火腿做出眼睛、嘴巴、鼻子并贴上（做法可参考P27）。用橙色饭搓成2个小圆球，固定在橘色饭上做成耳朵（做法可参考P19）。

小兔子

用白色起司片、海苔做出鼻子、眼睛并贴在粉红色饭上（做法可参考P26）。将粉红色饭搓成2个小椭圆形并固定在粉红色饭上做成耳朵（固定方法可参考P19）。

将火腿、白色干酪片做成一个小兔子的蝴蝶结（做法可参考P38）。

* 小动物们的腮红可以统一用胡萝卜做成（做法可参考P26）。

便当设计

40分钟

 3~4人份

向日葵田的夏日

天气热的时候，就好想吃西瓜。咦？饭盘上的小人也在吃西瓜呢，快跟他们比比看谁吃得快！

材料

米饭 / 1碗

饭（咖啡色）/ 1碗

海苔 / 1/2张

蛋黄酱 / 少许

小热狗 / 2根

蛋皮 / 1片

甜豆荚 / 2个

小黄瓜片 / 1片

蟹肉棒 / 1/3根

黑芝麻 / 6颗

蛋黄酱 / 少许

馅料（做法可参考P28）

做法

1 将半碗白饭铺于方盘中，加入馅料后，再铺上半碗白饭。将2/3淡咖啡色饭分成3等份，其中2份捏成圆形，剩余的一份再分成4等份，分别捏成圆形。取1/8张海苔，剪成如图所示的形状。

2 将海苔黏到饭团顶部，再将海苔做成五官，用蛋黄酱粘在大饭团上，做成小宝贝（做法可参考P25）。

3 先做出一份纹路小热狗B（做法可参考P37）。

4 在蛋皮上切出一字形花纹（做法可参考P33）。

5 将割好的蛋皮围绕纹路小热狗B，做出一朵向日葵。

6 将海苔切成长长的直线条来当作茎，叶片部分可以用四季豆或是甜豆荚做成（此处使用甜豆荚）。

便当设计

加上配菜，刚好一个小人住一个便当盒。

7 将小黄瓜片对切成两半。将蟹肉棒红色部分压成一个和小黄瓜大小差不多的圆形，切半。

8 将半圆形蟹肉棒放在小黄瓜片上，点上黑芝麻，小西瓜完成。一次将小宝贝、向日葵、小西瓜放在便当盘中即可。

  40分钟

2~3人份

欢乐运动会

材料

米饭 / 3碗
海苔 / 半张
蟹肉棒 / 1条
火腿 / 少许
蛋黄酱 / 少许

白海带酥 / 鲣鱼酥 / 少许
饭团馅料（做法可参考P28）

做法

1 先1/2米饭分成2份，各捏成三角形。将蟹肉棒红色部分分成3个长条。将海苔、火腿做成五官、腮红。

2 将做好的五官贴到三角饭团上（做法可参考P25）。

3 将用蟹肉棒条贴在饭团上，当作发带。将适量白海带酥/鲣鱼酥用蛋黄酱粘在饭团顶部，做成头发。用同样的方法，再制作一个小宝贝。

4 将剩下的米饭分成4份，各捏成圆形。将海苔剪出数个五边形。

5 将五边形海苔贴到2个小圆球饭团上，做成足球（做一个足球饭团需要7~8个五边形）。

6 把步骤1剩下的2个红色长条贴在剩下的2个饭团两侧，做成棒球。

便当设计 ★★★

带上足球与棒球，和我一起去参加运动会吧！

小鸡起司通心面

⏱ 30分钟

🍵 3~4人份

可爱的黄色小鸡在通心面上面奔跑，快抓住他们，连同好吃通心面一起吃光光吧！

材料

洋葱（切丁）/ 半个
圣女果 / 约10个
西蓝花 / 4~5块
生鲑鱼（切块）/ 3片
生香菇 / 2个
色拉油 / 少许
牛奶 / 180mL
盐 / 1茶匙
白色起司 / 3~4片
通心面 / 约200g
墨西哥饼皮 / 1片
黄色起司 / 2片
海苔 / 1小片
胡萝卜 / 少许
生菜 / 适量

做法

1 将西蓝花、圣女果、洋葱切碎，鲑鱼切小块，香菇切丁。

2 锅内倒入少许色拉油，放入香菇丁和洋葱丁翻炒。

3 转中火，放入鲑鱼块一起炒，倒入西蓝花、圣女果、牛奶，煮至沸腾。

4 放入3片白色起司，待起司融化后加入少许盐调味。

5 加入煮通心面，用中火煮约5分钟。将黄色起司片和墨西哥饼皮重叠，割出鸡蛋的形状。

6 抽出墨西哥饼皮、切成两半，将边缘割成锯齿状，做成蛋壳，分成两块，放在黄色起司片上。

便当盒内，小鸡守护着通心面，快快把他们都吃光吧。

7 把煮软的胡萝卜片切成小三角形作为小鸡嘴巴。准备2片圆形海苔做成小鸡眼睛。

8 铺上一点生菜，再放上完成的带壳小鸡即可。

🕐 30~40分钟

☕ 2~3人份

小蜜蜂艺术花园

材料

米饭 / 2.5碗
白醋 / 1汤匙
白砂糖 / 汤匙
盐 / 少许
胡萝卜片（煮熟）/ 6~7小片
小黄瓜片 / 10~12片
蛋皮 / 半张
甜碗豆荚（煮熟）/ 5~6片
小甜菜头切片 / 9~10片
鸡肉丝 / 2大匙
煎吻仔鱼 / 2大匙
鲑鱼松 / 2大匙
鲑鱼卵 / 1小匙
火腿 / 1片
黄色起司 / 1/4片
白色起司 / 1/4片
海苔 / 少许
铝箔纸 / 1张

便当设计 🐝🐝🐝

小小的便当，大概只需要做三格就足够了，小蜜蜂一样悠然自在。

做法

1 将米饭混合白醋、盐、白砂糖，倒入正方形盘子铺平。取一张和容器等大的铝箔纸。

2 将铝箔纸剪成9个等大的正方形。

3 将9个铝箔纸方块都盖到饭上。

4 把全部配料食材准备好放在旁边，将方型铝箔纸随机翻开一个。

5 铺上小黄瓜。

6 重复步骤4、5直到将食材铺满每一个方块。

7 用模具将黄色起司片压成1个椭圆形，在白色起司上压出2个圆形。

8 放上剪好的线条和压好的海苔眼睛，完成一只小蜜蜂的制作。用同样步骤做出多只小蜜蜂，摆到饭盘上，完成。

🕐 40分钟

☕ 2～3人份

日本和服娃娃

材料

饭（橙色）/ 2.5碗

海苔 / 半张

蛋皮 / 1张

小松菜叶 / 2片

蟹肉棒 / 2根

番茄酱 / 少许

煎意大利面 / 1根

饭团馅料（做法可
参考P28）

做法

1 将饭挖出2大匙，预
留在旁备用，剩余的分
成4等份，包入馅料后
捏成圆球。将海苔分成
3份，各剪出要做成头
发的形状（做法可参考
P25）。

2 将海苔贴在饭团上。

3 在饭团上贴上海苔做
的睫毛、眼睛、嘴巴，
并用番茄酱点缀成腮红
（做法可参考P26）。

4 取出步骤1剩余的
饭，捏成圆形。取步骤
1的1份海苔，剪成一
半，包住刚刚制作的小
饭团。

5 用煎意大利面固定在
大饭团头上。

6 用2片煮过的小松菜
叶交叉包住一颗大圆球
饭团，领口和腰带部位
用蟹肉棒白色部位和海
苔装饰，固定在头形饭
团上，完成一只和服娃
娃。另一个和服娃娃的
做法相同，只是将小松
菜叶换成蛋皮。

便当设计

可爱的和服娃娃在便当
盒内对你挥手，它笑得
多么灿烂。

沙滩上的小螃蟹

🕐 40分钟

🥣 3~4人份

材料

米饭 / 2碗

饭（橘色）/ 3/4碗

饭（绿色）/ 1/3碗

饭（红色）/ 半碗

海苔 / 1/4张

火腿 / 1/4片

黄色起司 / 1/2片

白色起司 / 1/2片

番茄酱 / 少许

蛋黄酱 / 少许

鲣鱼酥 / 2～3大匙

煎意大利面 / 1根

馅料（做法可参考P28）

便当设计 🌸🌸🌸

缩小规格装进便当盒中，到哪里都像都海边一样！

做法

1 将1碗米饭铺入盘子中，倒入馅料，再铺上另1碗米饭，铺上鲣鱼酥做成沙滩（做法可参考P42夹心底盘）。用甜甜圈模具，分开倒入1/3碗绿色饭和1/3碗红色饭。

2 将饭压平后取出，做出红色与绿色游泳圈状米饭，完成后用条状起司和圆点起司做装饰。

3 将橘色米饭分成3等份，2份捏成大圆球（头部），剩余的1份再分成4等份，捏成圆球。将海苔和头部饭团做成小人头，并用海苔和番茄酱做出五官（做法参考P25）。

4 将黄色起司片割成8字形。将2片海苔圆点，做成小宝贝的泳镜并贴上。将剩下的红色饭捏成扁三角形，做成身体。

5 将煎意大利面折成8小支，分别插在红色饭团两侧（一边4支），做成螃蟹的脚。将用白色起司片和海苔做出小螃蟹的眼睛和嘴巴用蛋黄酱贴上（做法参考P27）。

6 把火腿压出花形，作为小螃蟹的螯，并将它们组装起来。

欢乐小鸡窝

约30~40分钟

2~3人份

材料

米饭 / 2碗

米饭（黄色）/ 1碗

鲣鱼酥 / 1碗

煎意大利面 / 10~15根

肉块 / 8~10块

鹌鹑蛋 / 3~4个

芦笋 / 5根

甜豆荚 / 6~8个

海苔 / 少许

胡萝卜 / 少许

做法

1 将黄色米饭捏成6个圆形饭团，利用海苔和胡萝卜做出可爱的黄色小鸡（做法详见P27）。

2 在蛋糕烤盘内部抹少许水后，铺上2碗米饭。盖上保鲜膜将米饭压平后倒扣到盘子中。

3 将鲣鱼酥均匀铺在饭上，并在中央空隙处放入煮熟的肉块，在上方铺上处理好的煎意大利面、芦笋、甜豆荚，布置成鸟巢的造型。

4 最后在布置好的鸟巢上方，放上煮熟的鹌鹑蛋与制作完成的可爱小鸡，完成。

便当设计

在米饭上撒上鲣鱼酥，上方的肉块与配料重新配置，再放入2~3只小鸡，就能变成可爱的小鸡便当。

 30～40分钟

 2人份

芭蕾公主饭团

材料

米饭（绿色）/ 1/2碗	黄色起司 / 1/4片
米饭（粉红色）/ 1/2碗	海苔 / 少许
米饭（黄色）/ 1/2碗	蛋黄酱 / 少许
火腿 / 2片	白色起司 / 少许
白色起司 / 1片	饭团馅料（做法参见P28）

做法

1 将每种颜色的饭都各分为2等份，包入饭团馅料后捏成圆形摆入盘内。用牙签或者模具在火腿上切出芭蕾舞公主衣服形状。

2 用圆形器具在白色起司片上压出圆形，作为公主的头部。

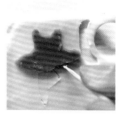

3 将刚制作好的火腿芭蕾舞服放到白色起司片上，依照比例大小用牙签划出手部和腿部的形状。

4 用刚刚制作头部的圆形器具，在黄色起司片上压出一样大小的圆形，用小刀划出头发形状，并放到步骤2的公主头上。

5 切下一小块火腿，放到白色起司片上的腿部尖端，做成公主的芭蕾舞鞋。

6 用蛋黄酱贴上用海苔压成的眼睛，并将全部部位拼凑起来，芭蕾舞公主就完成了！将完成的芭蕾舞公主放到饭团上，完成！

便当设计

3个饭团加上1个芭蕾舞公主，就能让女孩子心花怒放。

小士兵

 40分钟

 2~3人份

雄赳赳、气昂昂的小士兵在餐盘上出现啦！仿佛可以听得到他们齐声喊"敬礼"呢！

材料

米饭 / 2碗

白色干酪 / 1片

海苔 / 1/2张

蟹肉棒 / 3条

猪肉小丸子 / 4~6个

西蓝花 / 3~5块

胡萝卜 / 适量

奶油生菜 / 适量

苹果 / 适量

番茄酱 / 2~3汤匙

做法

1 取1碗米饭，倒入番茄酱，拌匀。取1/4捏成半圆形，再取1/4放在方形海苔上，用海苔将饭包起，裹上保鲜膜捏成半圆形。

2 将步骤1做好的2个半圆形饭团叠在一起。在脸部用海苔做出表情，并用番茄酱点出腮红（做法参考P26）。

3 把白色干酪切成条状，围在小士兵的下巴处。在干酪条上再放上长条海苔，完成小士兵。重复刚才的步骤，再做一个小士兵。

4 将1碗白饭捏成扁方形，铺上蟹肉棒。

5 用保鲜膜将饭团压紧，做成车身。

6 剪出2个圆形干酪、2片圆形海苔、4片细海苔条。

7 组合成小轮胎。

8 将干酪片划成方形和长条，将海苔剪成长形条，摆放到巴士上，做成窗户。把轮胎粘到巴士上，完成一台英国巴士。

9 在盘中铺猪肉小丸子、蔬菜，并放入小士兵、巴士和苹果，完成!

40分钟

 2~3人份

草莓兄妹

材料

米饭（咖啡色）/ 约2碗
蟹肉棒（小）/ 4条
海苔 / 1/6张

黑芝麻 / 20~30粒
蛋黄酱 / 少许
饭团馅料（做法可参考P28）

做法

1 将米饭分成2份，包入饭团馅料，揉成圆形。

2 取2根蟹肉棒的红色部位。将海苔剪出头发、眼睛、嘴巴的形状。

3 将海苔剪出的头发贴到饭团上。

4 再取一些蛋黄酱，用蟹肉棒包住饭团顶部。

5 在饭团脸上贴上眼睛和嘴巴。

6 在上方粘上一颗颗黑芝麻。

7 放入盘中摆入配菜，完成！

便当设计
草莓妹妹自己跑到便当盒内来玩啰，快来抓它！

30分钟

3人份

叶子上的小瓢虫

材料

米饭 / 约2碗　　　　　甜菜叶根 / 2根
胡萝卜（煮熟）/ 少许　圣女果 / 4个
火腿 / 少许　　　　　海苔 / 少许
生菜 / 2~3片　　　　白起司片 / 少许
甜豆荚（煮熟）/ 少许　蛋黄酱 / 少许
豌豆（煮熟）/ 6~8个　黑芝麻 / 8粒

做法

1 用2碗米饭做出平面底盘后（做法参考P41），用刀将圆形白饭切成6等份。

2 在饭盘上铺上生菜，放入豌豆、切开的甜豆荚。用花形模具将煮熟的胡萝卜和火腿压出花的形状后，放到米饭上。

3 在步骤2的花朵下面接上甜菜叶根，在花朵中间放上切成圆点的白色起司，就变成一朵朵的花朵了。

4 将圣女果对切成两半，贴上海苔，修剪海苔的形状。

5 将海苔剪出与圣女果未贴海苔部位长度一样的细长条，贴在圣女果后端正中间。

6 贴上小圆点海苔，最后用白色起司和黑芝麻做成瓢虫的眼睛（做法参考P24）。

便当设计 ✿✿✿

爬在生菜上面的小瓢虫栩栩如生，非常可爱。

7 将完成的小瓢虫摆到生菜上。

 40分钟

 2人份

赏樱午睡饭团

材料

米饭 / 2碗　　　　　海苔 / 半张

火腿 / 1片　　　　　盐 / 少许

米饭（咖啡色）/ 1碗　煎意大利面 / 2根

鲑鱼 / 3汤匙　　　　白色起司 / 1.5片

小松菜 / 2根

做法

1 将米饭分为6份，其中3份先捏成椭圆形，用海苔将中央部分包起。另外3份，加入煮熟的鲑鱼和切碎的小松菜，加少许盐调味后捏成椭圆形。

2 用樱花模具在火腿和白色起司上压出樱花形状，放到饭盘中。

3 将1/4的咖啡色米饭分成5份，捏成圆球，做成小熊的头、2个耳朵、2只手。

4 将2个耳朵用煎意大利面固定在小熊头上，并用白色起司、海苔做出小熊的表情（做法参考P27）。

5 将³⁄₄的咖啡色米饭分成8份，各捏成小熊的头、2个耳朵、2只手、身体、2只脚。将2个耳朵固定在小熊头上，并用白色起司、海苔做出睡觉小熊的表情（做法参考P27）。

便当设计

带着爱睡的小熊出门，可别把它吵醒哦！

熊熊家族吐司卷

⏱ 30分钟

🍵 2~3人份

材料

白吐司 / 6片
白色起司 / 3.5片
火腿 / 3片
花生酱 / 3汤匙
海苔 / 少许
蛋黄酱 / 少许
蛋黄液 / 1个
番茄酱 / 少许

做法

1 将吐司去边后，用擀面杖压平，吐司边放一旁备用。

2 取压平后的3片吐司，铺上白色起司和火腿后卷起。

3 另外3片吐司则涂上花生酱后卷起。

4 在吐司卷表面刷上蛋黄液，放入预热至150℃的烤箱烤5~8分钟，直至外层稍微变色。

5 用模具将步骤1去除的吐司边压出半圆形，放到烤好的吐司卷上做成小熊的耳朵。

6 使用白起司和海苔做出小熊的鼻子（做法可参考P27）。

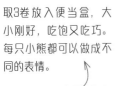

7 在吐司卷上涂上少许蛋黄酱后，贴上五官，用番茄酱作为腮红（做法可参考P26）。

便当设计 🌸🌸🌸

取3卷放入便当盒，大小刚好，吃饱又吃巧。每只小熊都可以做成不同的表情。

在这特殊的
日子里

——

CHAPTER 6

每一年都有几天特别的日子。
父亲节、母亲节、圣诞节、万圣节……
或者，每一天都是特别的日子。
在这些日子里，
在餐桌上也不漏掉给家人们的惊喜。
这是一家人餐桌上的小确幸。

🕐 30～40分钟

☕ 2人份

爸爸，我们爱你！

材料

全麦吐司 / 4片
白色起司 / 1/2片
黄色起司 / 2.5片
蟹肉棒 / 1小根
煎鸡排 / 2块
生菜 / 3～4片
圣女果 / 4～5个
煎蛋 / 2个
海苔 / 少许

做法

1 在白色、黄色起司片上各压出一样大小的圆形，将2片起司重叠。

2 用小刀在剩余的黄色起司片上划出头发形状后取下。

3 准备蟹肉棒的红色部分，用爱心模具压出爱心后将爱心放在步骤1的白色起司片下方，小宝贝的外观就完成了。

4 用2小块圆形白色起司做成小人偶的手，抱着爱心，就完成了一个抱着爱心的小宝贝。用同样的步骤做出另外一个宝贝。

5 在脸上贴上用海苔做的五官，就完成了抱着爱心的孩子们（做法可参考P26）。用全麦吐司、煎鸡排、生菜、圣女果完成三明治的制作。

妈咪，给你爱心给你花

材料

红苹果 / 2大片
蓝莓 / 20个
草莓 / 6~8个
西瓜 / 1大片
绿色葡萄 / 2小串
猕猴桃 / 1个

做法

1 红苹果片上用小刀割出花瓣形状，做出花朵的外观。在花朵中央放上一颗蓝莓，在花朵下方摆放约5个蓝莓，当作花茎。用绿色葡萄来当作树叶。

2 将草莓对切成两半，在草莓蒂部割出小三角形，让草莓变成一个爱心形。

3 用爱心模具在切片西瓜上印出爱心形状，将西瓜肉取出放在旁边。在西瓜切下的果肉处放入猕猴桃块，增添色彩，此食谱放入草莓以及蓝莓。

 40~50分钟

 25人份

圣诞节麋鹿小汉堡

材料

圆形餐包 / 25个
小汉堡肉（和餐包大小
相同）/ 25块
生菜 / 25片
黄色起司 / 13片
迷你蝴蝶结饼干 / 25个
白芝麻 / 约3小匙
咖啡色巧克力笔 / 少许
红色巧克力笔 / 少许
黄油 / 少许

做法

1 将圆形餐包从中间切半，夹入煎好的汉堡肉、生菜、黄色起司片。将上层的餐包取下，稍微涂一点化开的黄油在2侧，撒上少许白芝麻，放入烤箱烤2~3分钟。取出后放凉。在餐包上用咖啡色巧克力笔画上麋鹿的眼睛、用红色巧克力笔画上鼻子。

2 把迷你蝴蝶结饼干从中剥成一半，插到餐包上方。麋鹿汉堡完成！也可以做多个汉堡在派对上食用。

🕐 40分钟

🍚 2~3人份

万圣节分享盘

一年一度的万圣节来啰，什么？可爱的小鬼跑进餐盘里啦！

材料

盘内配菜
秋葵 / 3~4根
玉米 / 2块
胡萝卜 / 1根
西蓝花 / 6~8块
猪肉丸子 / 4~6个
红薯 / 半个
小鬼形状饼干 / 适量

黑猫材料
米饭 / 3/4碗
海苔 / 1/4张
白色起司 / 半片
黄色起司片 / 少许

馅料（做法请参考P28）

小熊巫婆材料
饭（黄色）/ 3/4碗
白色起司 / 1/4片
黄色起司 / 少许
海苔 / 少许
黑芝麻 / 少许
馅料（做法请参考P28）
蟹肉棒 / 少许
胡萝卜 / 少许

小熊巫婆帽子材料
白色起司 / 1/2片
海苔 / 1小张

胡萝卜 / 少许

小热狗木乃伊
小热狗 / 2条
家常面条 / 5~6根
白色起司 / 少许
海苔 / 少许

鹌鹑蛋小鬼
鹌鹑蛋（熟）/ 2个
海苔 / 少许
蟹肉棒红色部位 / 少许

＊分享盘内种类丰富，可挑选自己想做的准备喔！

黑猫

1 将米饭捏成猫头形状，用海苔包住。

2 用保鲜膜包住饭团让海苔变得更湿润，与米饭贴合得更好。

3 将白色起司片用模具或是雕刻刀切成2个菱形做成黑猫的眼睛。以海苔、黄色起司片做出五官细节（做法可参考P27）。

小熊巫婆帽子

小热狗木乃伊

1 将黄色的饭分成3份，各捏成圆形，将1个大饭团当作头部，将2个小饭团当作手部。在小熊脸上贴上眼睛、鼻子（做法可参考P26）。用白色、黄色起司片做出小熊的耳朵（做法可参考P26）。在脸颊上放上一点黑芝麻做成雀斑就完成了！在白色起司片上用牙签或是雕刻刀割出巫婆帽子的形状，放到海苔上。

2 用小剪刀把海苔沿着起司帽子边剪下同样的帽子形状。在帽缘部分用白色起司和少许胡萝卜装饰。用细长条饼干尾端部分围绕蟹肉棒。

1 将面条煮熟后取出备用。

鹌鹑蛋小鬼

2 小热狗煎熟后，用煮熟的面条不规则地围绕。

3 将白色起司片压成小圆形做成木乃伊的眼睛。将海苔剪成小片当作眼珠黑色部分，放到起司片上。

在鹌鹑蛋上放上海苔做成的眼睛、嘴巴。蟹肉棒红色部分做成舌头。加入盘内配菜，万圣节分享盘就做好了。

 30分钟

 2~3人份

我爱我的家

材料

米饭 / 3碗   盐 / 1茶匙

鲑鱼 / 1片   酱油 / 2茶匙

豌豆 / 2汤匙   色拉油 / 少许

胡萝卜丁 / 2汤匙   黄色起司 / 半片

玉米粒 / 2汤匙   白色起司 / 1片

做法

1 锅内倒入色拉油，放入鲑鱼，煎熟后切碎。把米饭、豌豆、胡萝卜丁、玉米粒、盐、酱油一起倒入锅内，用中火拌炒均匀后倒入容器内。用牙签在黄色起司片上割出房子的形状。

2 在白色起司上割出房子的门、窗户、旁边的栅栏、草。

3 布置到饭盘上，完成！

便当设计 ❀❀❀

配上可爱又好吃的配菜，一个便当就是一个家！

让孩子一起参与
乐趣比你想象得更多

制作料理不只是大人的专利，可以试着让孩子们一起参与烹调过程，
从中会发现更多的乐趣，对孩子们的成长也会大有帮助。

每道料理都是一道创作，跟
孩子们共同挥洒创意吧。

大人画大人的，小孩画小孩
的，有时更能激发想象力。

一起讨论喜欢的图案，更能
了解他们的喜好。

画作成品的展示，让他们更有成就感。

看看自己的，看看孩子的，你会发现孩子们的世界是多么不一样。

在开始制作料理前，可以先在纸上构想成品。

在他们面前放入食材，同时
可以讲解。

原来这就是鸡蛋。

动手做吧！可以趁机让他们
认识食材。

他们认真作
画的表情，
相信父母永
远看不厌。

原来小熊是这样来的！

压出形状的过程，对他们来说像魔法一样。

把一些简单的操作步骤交给孩子，让他们大幅提升参与感。

做料理的过程中，孩子间的互动也会增进感情。

图书在版编目（CIP）数据

超萌造型儿童餐 / 涛妈著. —北京：中国轻工业
出版社，2020.10

ISBN 978-7-5184-2686-7

Ⅰ.① 超…　Ⅱ.① 涛…　Ⅲ.①儿童食品－食谱
Ⅳ.① TS972.162

中国版本图书馆 CIP 数据核字（2019）第 220382 号

责任编辑：卢　晶　　责任终审：张乃東　　整体设计：锋尚设计
责任校对：朱燕春　　责任监印：张京华

出版发行：中国轻工业出版社（北京东长安街6号，邮编：100740）

印　　刷：北京博海升彩色印刷有限公司

经　　销：各地新华书店

版　　次：2020年10月第1版第1次印刷

开　　本：720×1000　1/16　印张：10

字　　数：250 千字

书　　号：ISBN 978-7-5184-2686-7　定价：49.80元

邮购电话：010-65241695

发行电话：010-85119835　传真：85113293

网　　址：http://www.chlip.com.cn

Email：club@chlip.com.cn

如发现图书残缺请与我社邮购联系调换

190824S1X101ZYW